FLYGÖDLOR OCH
HAVSMONSTER

从统治天空的翼龙
到称霸海洋的巨怪

JOHAN EGERKRANS

〔瑞典〕约翰·伊格克朗茨 绘著

王梦达 译

人民文学出版社
PEOPLE'S LITERATURE PUBLISHING HOUSE

翼龙类，鱼龙类及其他

　　1亿年前，也就是我们所谓的中生代时期，爬行动物统治着整个地球。其中最为我们所熟悉的莫过于恐龙。不过和它们共同分享这个星球的，还有很多同样有趣和神奇的生物。比如在空中自由翱翔的翼龙类，堪称有史以来最奇特、最引人注目的物种之一。海洋、河流和湖泊中充满了各种各样的水生爬行动物，包括海豚一样的鱼龙类、拥有巨大颌部的沧龙类，以及长脖子的蛇颈龙类。其中一些体形超乎寻常的庞大，除了海怪，似乎再也找不到能够形容的合适词汇。

　　毋庸置疑，恐龙是已灭绝动物中的超级巨星。它们在人类意识中牢牢占据了中心位置，以至于每一种蜥蜴类的动物化石都被和恐龙捆绑在一起，无论它们之间是否具有亲缘关系。一个典型的例子就是翼龙类，希腊文意思是"有翼的蜥蜴"，但从字面上看来，所有人都会以为它们是恐龙的一种。

　　这本书里所提到的动物都有一个共同点，那就是它们都属于某种爬行动物，而非恐龙。最早的爬行动物出现在3.1亿年前的石炭纪，由两栖动物演化而来，更适应陆地生活。它们大多长有鳞片状的皮肤，能够最大限度地保持水分，因此能够在干燥的环境中生存，且产下带壳的卵蛋。目前地球上存在的爬行动物包括蜥蜴类、蛇类、乌龟类、楔齿蜥类、鳄类，还有鸟类（取决于不同的划分标准）。但如果算上已经灭绝的物种，爬行动物的数量和种类则要庞大得多。

中生代

　　地球历史通常划分为不同的地质年代，从46亿年前我们的星球形成开始，直至现在，从古至今包含冥古宙、太古宙、元古宙、显生宙。显生宙又分为三代：古生代、中生代和新生代（我们人类生活在新生代的第四纪）。这本书里的主角，是关于生活在中生代的动物。中生代开始于2.52亿年前，结束于6600万年前，跨越了1.86亿年。中生代又分为三个时期：三叠纪、侏罗纪和白垩纪。

　　三叠纪之前的二叠纪晚期，发生了地球历史上最大规模的灭绝。超过90%的物种就此消失，包括绝大多数的下孔类——这种类似哺乳动物的爬行动物曾是陆地的主宰。下孔类的统治地位很快被其他生物所取代。早期的翼龙类开始在空中飞翔。包括鳄类在内的镶嵌踝类渐渐在陆地上蔓延开来。湖泊等水域中开始出现大型的肉食性两栖动物。最早的恐龙出现于2.3亿年前的三叠纪晚期。它们一开始还很小，但很快越变越大，并且演化出植食性动物和肉食性动物。它们出现后不久，地球上有了第一批真正的哺乳动物。

丽齿兽——中生代晚期的一种下孔类

三叠纪时期的地球　距今2.52亿年—2.01亿年

　　三叠纪时期，所有大洲彼此连成一片，形成一块延伸至两极的巨大陆地——泛大陆。泛大陆呈新月形，周围被泛大洋所环绕。同时，泛大陆将圆形的特提斯海包裹其中。三叠纪时期的气候干燥而炎热。大片沙漠因此曼延开来。而在潮湿的地区，则生长着大片的森林。它们由松柏、苏铁、木贼和羊齿植物组成。由于过于炎热，地球两极并没有形成冰盖，因此海平面比今天要高得多。三叠纪时期，一些爬行动物相继出现，并在整个中生代占据了主导地位，比如恐龙、翼龙类、鱼龙类、蛇颈龙类。

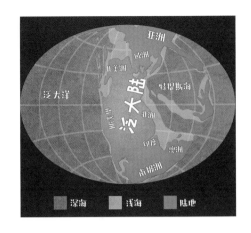

侏罗纪时期的地球　距今2.01亿年—1.45亿年

　　侏罗纪时期，泛大陆开始分裂，漂移成南部的冈瓦纳古陆和北部的劳亚古陆。侏罗纪时期的气候炎热潮湿，植被生长茂盛。陆地上到处都是恐龙，其中一些蜥脚类恐龙演化成为有史以来体形最为庞大的陆生动物。翼龙类的数量增长迅猛，逐渐演化出越发奇特的形态。在侏罗纪晚期时，属于手盗龙类的一小部分肉食性恐龙长有羽毛，逐渐演化出翅膀，成为最早的鸟类，和翼龙类共同翱翔于天空之中。海洋中生活着鱼龙类、蛇颈龙类和其他海洋爬行动物。其中一些的体形堪比陆地上的巨型恐龙。

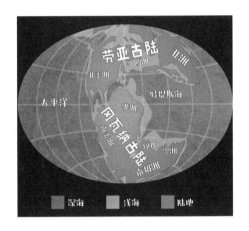

白垩纪时期的地球　距今1.45亿年—6600万年

　　白垩纪时期，现在的世界格局开始展露雏形。由于海平面比现在要高，各大洲的绝大部分区域都处于水下。温暖的浅海孕育出各种蓬勃的生命。大范围的珊瑚礁成为鱼类和软体动物的家园。这些鱼类和软体动物的天敌包括鲨类、蛇颈龙类、巨型海龟类和一些奇特的海鸟类——它们就像今天的企鹅一样，已经丧失了飞行的能力。鸟类的演化大大加快，从而造成越发严酷的竞争，翼龙类日渐式微的同时，体形也变得前所未有的庞大。神龙翼龙类是有史以来最大型的飞行动物，翼展甚至超过12米。

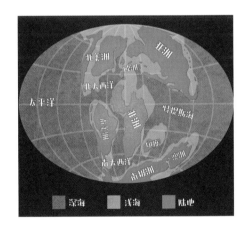

　　距今6500万年的白垩纪晚期，所有的非鸟类恐龙突然灭绝。巨大的小行星撞击地球，摧毁了它们的生存环境，导致翼龙类和统治海洋的水生爬行动物走向灭亡。

翼龙类

真双齿翼龙是一种
早期的翼龙。

翼龙类是最早的飞行类脊椎动物。在很长一段时间里，翼龙类是天空的主宰，直到1亿年后，有翼的掠食性恐龙才演化成鸟类，再然后，一些捕食昆虫的哺乳动物学会飞行，变成蝙蝠。翼龙类是一群繁盛的动物群体，它们的统治时间超过了1.5亿年——从2.3亿年前的三叠纪中期开始，一直持续到白垩纪晚期。翼龙类的大小、外观和行为各不相同，有些是小巧敏捷的昆虫捕手，还有些则是翼展超过10米的食肉巨龙。

翼龙类的学名源自希腊文，意思是"有翼的蜥蜴"。不过，就算翼龙类是爬行动物，它也绝不是蜥蜴类，而是主龙类的一种——主龙类还包括鳄类、恐龙和恐龙的后代鸟类。翼龙类形成了属于自己的类群，和其他任何现存的生物都不一样。在电影和电子游戏中，翼龙类总是以蜥蜴怪物的形象出现，长着皮膜质地的蝙蝠翼翅、锯齿状的锋利牙齿，具有极强的攻击性。不过在现实中，它们却呈现出截然不同的面貌。

蛙嘴龙捕食昆虫。

夜翼龙有一顶巨大的头冠。

翼龙类的翅膀由皮膜构成，从后肢一直延伸到一根奇长的手指末端。构成这些皮膜的不光是松弛的皮瓣，确切说，它们是复杂的肌肉纤维网，其中由气囊支撑，使得翅膀变成坚韧而灵活的翅板。翼龙类的骨骼结构完全适应飞行的需要。它们和鸟类一样，腿骨中存在大量的气囊，在保证双腿结实稳固的同时，也显得轻巧灵便。翼龙类的头大得有些不合比例——有时甚至是身体的几倍长——很多翼龙的头顶都会长有醒目而奇特的冠饰。

翼龙类既没有羽毛也没有鳞片，但它们全身都被一种特殊的皮毛所覆盖，不仅可以保暖，还能有效减少飞行时的空气阻力。从空中降落到地面后，翼龙类可以将翅膀折叠起来，依靠四足平稳地行走。

阿氏翼龙属于神龙翼龙类，也是体形最大的翼龙之一。

斯克列罗龙
SCLEROMOCHLUS

属名含义：坚固的支撑点　**模式种：**泰勒斯克列罗龙

生活年代：三叠纪晚期，距今2.3亿年　**分布地区：**英国

身长： 18厘米

　　谁都不知道，翼龙类究竟是如何翱翔于天空之中的。到目前为止，科学家仍未找到保存完好的化石，以填补"缺失的一环"——翼龙类和陆生动物祖先之间的中间形式。不过，翼龙类一定是经过了某种过渡，才能将前肢演化成为翅膀，从而飞向天空。

　　在讨论翼龙和恐龙的前身时，科学家经常提到的一种动物是斯克列罗龙。它是一种小型主龙，于2.3亿年前生活在苏格兰的广袤大地上，跳来跳去地捕食昆虫。斯克列罗龙看起来有点像小鳄鱼和袋鼠的混合体。它有着蜥蜴般窄长的身体、三角形的头部、大大的眼睛和长长的尾巴。它的前肢纤细，脚掌很小，但后肢出奇的长。科学家推测，它很可能像袋鼠一样，依靠后肢的弯折进行跳跃。考虑到它们所生活的环境，这无疑是一种有效的移动方式——三叠纪气候干燥，大部分土地被沙漠所覆盖。一些科学家认为，斯克列罗龙的后代——至少是它们的亲缘物种——跳跃到树上，演化出可以帮助滑行的皮膜结构。随着时间的推移，皮膜渐渐演变成真正的翅膀，让最早的翼龙看见了飞翔的曙光。

双型齿翼龙
DIMORPHODON

属名含义： 两种形式的牙齿　**模式种：** 长爪双型齿翼龙

生活年代： 侏罗纪早期，距今1.85亿年　**分布地区：** 英国，墨西哥

翼展： 1.5米

双型齿翼龙是古生物界最早被命名并描述的翼龙之一。化石采集者玛丽·安宁于1828年在英格兰多塞特郡首次发现了它的化石。长爪双型齿翼龙的意思是"两种形式的牙齿以及巨大指爪"，由此指出了它最典型的外貌特征：颌部两种不同类型的牙齿（这在爬行动物中非常罕见），以及手指末端的巨大爪子。

双型齿翼龙是一种相对原始的翼龙。和身体相比，它们的翅膀小到不合比例，难以维持长时间飞行。科学家推测，这种小型翼龙只有在紧急情况下才会采取飞行方式，或是前往某个步行无法到达的地方，或是躲避掠食性恐龙的捕食或其他威胁。双型齿翼龙必须不断扇动翅膀，才能在空中保持直立的姿态。它们身体重量在1.5千克左右，和其他同等体形的翼龙相比，显得较为笨重。一旦停止扇动翅膀，它们会立刻落回地面。

双型齿翼龙或许只能算半个飞行员，却是相当出色的登山家。特殊的指爪结构有利于它们快速而敏捷地进行攀爬。以前，科学家认为双型齿翼龙靠捕鱼为食（大多数翼龙都被认为是吃鱼的），但近些年的研究颠覆了这一观点。它们更可能在地面和树梢间攀爬而行，猎捕昆虫、蜥蜴和其他小动物。

矛颌翼龙

DORYGNATHUS

属名含义：长矛的颌部　**模式种类：**巴斯矛颌翼龙

生活年代：侏罗纪早期，距今1.8亿年　**分布地区：**欧洲

翼展：1.5米

　　矛颌翼龙是一种相对较小的食鱼翼龙类，头部很大，尾巴很长。最令人惊讶的是它们的颌骨，锯齿状的巨大门齿向各个方向斜出，乍一看就像咬了满嘴钉子的海鸥。后面的牙齿要小一些。顾名思义，矛颌翼龙奇特的门齿能够牢牢地咬住猎物，而后齿则适合衔住鱼类光滑的身体。矛颌翼龙生活的年代，欧洲大陆被大片的浅海所覆盖，海洋动物蓬勃生长，也为它们提供了充足的食物来源。矛颌翼龙所属的喙嘴龙类，是侏罗纪时期常见的一种翼龙，随着数量的不断增加，它们的足迹从欧洲遍布到世界各地。

　　矛颌翼龙是考古学界最早描述的翼龙之一。十九世纪，科学家在德国巴伐利亚州首次发现了它们的化石，此后，德国和法国都陆续出土了保存完好的矛颌翼龙化石。其中的一具陈列在瑞典乌普萨拉的演化博物馆。

蛙嘴龙

ANUROGNATHUS

属名含义：没有尾巴的颌部　**模式种：**阿蒙氏蛙嘴龙

生活年代：侏罗纪晚期，距1.5亿年　**分布地区：**德国

翼展：50厘米

　　蛙嘴龙是一种毛茸茸的小型翼龙，有着青蛙一般的巨大颌部，以及两只又大又圆的眼睛。它们的翅膀经过了特别的演化，尾巴很短，头部形状非常奇怪，所以蛙嘴龙在翼龙的族谱内究竟处于哪条分支，科学家至今不得而知。不同于其他翼龙，蛙嘴龙的颅骨是扁平的，呈马蹄形，宽度大于长度，轻盈易碎，科学家推测，它们很可能以昆虫为食，如果捕食较大猎物的话，一旦发生争斗，蛙嘴龙的颅骨很容易碎裂。

　　蛙嘴龙是天生的空中杂技演员，它们的翅膀构造巧妙，适合快速转弯和突然俯冲。很少有翼龙能具备这种高超的制空能力。翅膀周围的短毛可以起到消音器的作用，因此，这些毛茸茸的小家伙在天空飞行时总是无声无息的。

　　所有迹象都表明，蛙嘴龙是夜行性的昆虫捕手，它们能在飞行过程中进行捕食。不同于蝙蝠的回声定位（一种雷达）本领，蛙嘴龙完全依靠卓越的视力来确定猎物的位置。

鸟掌翼龙

ORNITHOCHEIRUS

属名含义：鸟类的手掌　**模式种：**巨型鸟掌翼龙

生活年代：白垩纪早期，距今1.1亿年　**分布地区：**英格兰，巴西

翼展：5米

白垩纪早期，波涛汹涌的海面上盘旋着许多庞然大物。鸟掌翼龙被誉为白垩纪的信天翁，它们的翼展可达到5米。它们的一些近亲，比如残喙翼龙的翼展甚至超过了7米。和现代海鸟一样，鸟掌翼龙能够迎风展开窄长的巨大翅膀，无须扇动就能在海面滑翔长长一段距离。相比于身体，它们的头部显得比较大，且饰有罕见的双冠。很多翼龙的头部都有冠饰，但鸟掌翼龙的两顶冠饰都位于口鼻末端，一顶在喙上缘，一顶在喙下缘。

鸟掌翼龙以捕鱼为食，大部分时间都居住在海边，有时甚至生活在海里。它们的身体非常轻盈，腿骨内充满气囊，可以像海鸥一样浮在水面，科学家推测，它们应该也是游泳高手。尽管考虑到鸟掌翼龙的体形，这一推断实在让人难以置信，不过科学家有理由相信，鸟掌翼龙只需要用力扇动几下翅膀，就能轻轻松松地从海面上一跃而起。

鸟掌翼龙所属的鸟掌翼龙类，由于分类极其混乱，而令古生物学家颇为头疼（分类学是一门研究动植物间亲缘关系的基础学科）。鸟掌翼龙类下的数十个物种被宣布命名无效，经过重新命名后，又迟迟无法确定归属。

帆翼龙
ISTHIODACTYLUS

属名含义：具有帆的手指　**模式种：**阔齿帆翼龙

生活年代：白垩纪早期，距今1.2亿年　**分布地区：**英国，中国

翼展：4.5米

　　刚进入白垩纪时，地球上还不存在秃鹫——要到9000万年之后，秃鹫才会咬死第一头牛羚。在此之前，帆翼龙取代了秃鹫的角色。它们是一种中等体形的翼龙，能够利用风帆般的宽阔翅膀迎风飞翔，同时搜寻动物的尸体。帆翼龙的头又大又宽，而且相当结实，扁钝的喙里面藏着一些锋利的牙齿，相当于一个捕兽夹。加上强有力的颌部肌肉，帆翼龙能够轻松地从尸体上撕咬肉块。然而，这种结构的喙并不是理想的防御工具，所以，如果附近出现一只饥肠辘辘的掠食性恐龙并意图争抢猎物的话，帆翼龙只能选择退避，耐心等待。

　　帆翼龙早在十九世纪时就已经为人所知。但刚开始，它们的部分骨骼和一种掠食性恐龙的骨架碎片混合在了一起。科学家将这种混合化石命名为联鸟龙。直到后来，科学家意识到他们所犯下的错误，将翼龙的部分从中区分出来，并为其重新命名为帆翼龙。

准噶尔翼龙
DSUNGARIPTERUS

属名含义： 来自准噶尔盆地的翼龙　**模式种：** 魏氏准噶尔翼龙

生活年代： 白垩纪早期，距今1.2亿年　**分布地区：** 中国

翼展：3.5米

　　总体而言，翼龙是一种非常奇特的动物，其中，中国的准噶尔翼龙或许是最奇特的一类。它们异常强健，巨大的头部占到了身长的一半以上，顶部有特殊的骨质冠，喙尖向上弯曲，眼睛很大，位于颅骨的最后方。准噶尔翼龙或许没有惊艳的外表——事实上，它们被称为"最丑陋的翼龙"——不过形状怪异的颅骨也能容纳相对较大的大脑。所以，它们即使不是最美丽的，至少也是最聪明的之一。

　　准噶尔翼龙的颌骨异常强壮，颌骨后方长有一些粗糙的牙齿。科学家推测，它们会在多石的河滩和沙滩上寻找贝类生物为食。准噶尔翼龙用镊子一般的喙夹起贻贝和龙虾，利用坚固的后齿碾碎他们的甲壳。相比于那些生活在海上的翼龙，准噶尔翼龙并不适应长距离的飞行，它们一般在湿地之间做短距离的迁移。

掠海翼龙
THALASSODROMEUS

属名含义： 海上奔跑者　**模式种：** 塞氏掠海翼龙

生活年代： 白垩纪早期，距今1.15亿年　**分布地区：** 巴西

翼展：5米

　　模式种塞氏掠海翼龙的意思是"塞特的海上奔跑者"，不过这个名字是基于一系列误会而产生的。最先描述掠海翼龙的亚历山大·克尔纳之所以选用塞特作为模式种名，是因为掠海翼龙醒目的头冠让他联想到古埃及神话中的沙漠与风暴之神塞特的王冠。可问题在于，塞特的形象里通常是没有王冠的——戴王冠的是古埃及神话里底比斯的主神阿蒙。克尔纳显然把他们搞混淆了。此外，这种翼龙生活在远离海洋的地方，根本不像人们以为的那样靠捕鱼为食。名称中唯一可取之处在于"奔跑者"——近些年的研究表明，虽然体态笨拙，掠海翼龙却有着惊人的奔跑速度。

　　掠海翼龙是一种强壮有力的翼龙，头部占据了相当大的比例。它们的头顶长有令人惊叹的冠饰（堪称翼龙类的头冠之最），它们锋利的喙同样让人印象深刻。尽管有着绝佳的飞行技术，掠海翼龙还是和它们体形庞大的近亲神龙翼龙类一样，习惯于在山坡上狩猎。最新考古成果表明，掠海翼龙是相当活跃的掠食者，善于追逐中小型猎物（比如恐龙幼崽），然后用长矛状的喙对它们发起攻击。

无齿翼龙

PTERANODON

属名含义： 没有牙的翅膀　**模式种：** 长头无齿翼龙

生活年代： 白垩纪晚期，距今8500万年　**分布地区：** 美国

翼展：4-7米

　　对于绝大多数人来说，当听见翼龙这个词时，脑海里出现的大概都是无齿翼龙的形象。自从1871年在美国堪萨斯州被发现以后，它们凭借独特的鳍状头冠、没有牙齿的长喙和惊人的翼展，成为无数电影、电视剧、图书和漫画中翼龙形象的代表。无齿翼龙之所以如此出名，一个重要因素是，科学家发掘的无齿翼龙化石数量超过了1100件，远多于其他翼龙。其中大多保存完好，因此科学家能够较为准确地推测出无齿翼龙的模样。

　　尽管在很多人心目中，无齿翼龙代表着典型的翼龙形象，但其实它们相当具有独特性。首先，它们是体形最为庞大的翼龙之一——比他们更大的只有神龙翼龙类；其次，它们的喙里是没有牙齿的，整体向上弯曲，且非常长。这些特征在雄性中更为明显。一些科学家推测，它们在繁殖季节里会用利剑一样的长喙作为防御武器。雄性比雌性的体形大得多，某些情况下，它们的翼展甚至能超过7米，而雌性的翼展一般在4米左右。无齿翼龙在海上捕鱼为食。它们很可能像今天的鹈鹕一样，看准水面上的鱼群，直扎入水中觅食。

　　夜翼龙是无齿翼龙的近亲。虽然体形要小得多，但它们拥有所有翼龙中最夸张的头冠。它们的冠饰是头长的四倍，呈近乎直立的状态，看起来就像是帆船的桅杆。

哈特兹哥翼龙

HATZEGOPTERYX

属名含义：哈提格的翼　**模式种：**怪物哈特兹哥翼龙

生活年代：白垩纪晚期，距今7000万年　**分布地区：**罗马尼亚

翼展：10米

　　由于形状各异的头部、千奇百怪的冠饰，以及不可思议的解剖结构，翼龙的家族里几乎不缺少夺人眼球的成员。不过，让人印象最深刻的还要属神龙翼龙类。它们不仅是体形最大的翼龙，而且也是有史以来最为庞大的飞行动物。它们身体结构的比例也出奇的怪异。其中一些的翼展相当于一架小型螺旋桨飞机的机翼长度，站在地面上时，它们的个头和长颈鹿差不多。神龙翼龙类头部的长度甚至超过2.5米，躯干却和人类的身体一样——只有头长的三分之一。依靠宽阔的翅膀，它们的飞行时速可以达到100千米。

　　神龙翼龙类中有不少真正的庞然大物，哈特兹哥翼龙就是其中之一。它们异常结实、强健，生活在一个名叫哈提格岛的神秘岛屿上（位于今天罗马尼亚的特兰西瓦尼亚）。哈提格岛和大陆隔绝数百万年，因此岛上演化出的动物都比陆地上的近亲要小一些。比如，以体形巨大而著称的蜥脚类恐龙，在岛上就只有袖珍版本。哈提格岛上完全不存在大型的掠食性恐龙——哈特兹哥翼龙于是成为这片土地的主宰。和其他神龙翼龙一样，哈特兹哥翼龙并不会在空中狩猎，而是习惯在行走中捕食猎物。不妨想象一下，它们仿佛一只只巨大的鹳鸟，折叠起长长的翅膀，迈开长长的后肢，走来走去啄食各种中小型动物——甚至包括蜥脚类恐龙的幼崽！

中生代的海洋

　　距今3.6亿年的古生代泥盆纪时期，第一批四足动物从海洋里爬上陆地。不过，其中很多还没来得及适应陆地上的生活，就又一次回到水中。数百万年的时间里，许多动物种群离开了陆地，重新开始了海洋生活。现存的例子包括企鹅、海豹和鲸，不过，自从第一批爬行动物诞生以来，这种回归海洋的过程始终在继续。中生代时期，地球上的大洲大洋内生活着大批海洋爬行动物。其中最著名的是之前提到的鱼龙类、蛇颈龙类和沧龙类，我们在接下来的章节中还会做更详细的介绍。此外，还有大型的海龟类、腹躯龙类（看上去就像会游泳的蜥蜴）、海鳄类（形似鳄鱼的海洋生物）、幻龙类、楯齿龙类等等。它们和鱼类、鲨类、甲壳类动物和各种软体动物一起，共同生活在海洋之中。

侏罗纪时期，覆盖欧洲的浅海场景。
两条巨大的利兹鱼和一群阿戈尔鱼龙共游。
它们的上方，一条属于蛇颈龙类的浅隐龙正在捕食一只菊石。

中生代时的部分海洋生物，和现在的样子基本没有区别，所以我们在今天仍能轻易地辨认出来——比如美洲鲎，在过去的3亿年间就没有变过。而体形庞大、以浮游生物为食的利兹鱼，则在今天的海洋中找不到任何对应的物种。

最具代表性的中生代动物之一要属菊石。它们是一种带螺旋形外壳的软体动物，数量庞大，无处不在。菊石有成百上千种之多，是海洋爬行动物最喜爱的食物。古生物学家在考古发掘时，往往利用菊石化石推算地质年代。由于大多数物种存在的时间很短，所以根据菊石外壳的形状，可以准确判断出其所在岩石层的年代。

滤齿龙
ATOPODENTATUS

属名含义：特殊牙齿 模式种：奇异滤齿龙

生活年代：三叠纪中期，距今2.45亿年 分布地区：中国

身长： 3米

　　如果仅用奇特来形容滤齿龙，未免有些轻描淡写了。就蜥蜴般的身体而言，它们和近亲幻龙（我们之后还会做详细的介绍）之间的区别并不大，只不过滤齿龙的脖子比较短而已。不过要看头部的话，就完全是另外一回事了。滤齿龙的头部形状非常怪异，让人联想到双髻鲨，或是吸尘器的吸嘴。它们宽宽的吻部内长满了细小扁平的牙齿。科学家推测，这种牙齿结构相当于一把耙子，能够帮助它们捕食大量水生植物和藻类。滤齿龙也是我们所知最早的植食性海洋爬行动物。

　　2014年，中国首次出土滤齿龙化石时，科学家重建出的样貌比现在的更为离奇。由于第一块化石的颅骨呈扁平状，科学家最初以为，滤齿龙有着斧头一样的头部，以及拉链一样的吻部。

长颈龙
TANYSTROPHEUS

属名含义： 长的脊椎　**模式种：** 显著长颈龙

生活年代： 三叠纪晚期，距今2.3亿年　**分布地区：** 欧洲、中东、中国

身长：6米

　　有着细长脖子的长颈龙是一种形态怪异的爬行动物。就身体结构而言，长颈龙最不可思议的地方在于，它的身体和尾巴加起来，长度比脖子少了足足3米多。科学家在长颈龙化石的胃部发现了鱼类和头足类的遗骸，因此能够肯定它们生活在近海的地方。但发现长颈龙的一百多年以来，它们的确切生活方式一直是科学家争论不休的话题。

　　很多人坚持认为，长颈龙必须生活在水里，因为它们的脖子太长太重，根本无法在陆地上自由移动。然而，最新的研究成果表明，尽管它们的脖子很长，但其重量只占到全身体重的不到五分之一。也就是说，长颈龙的脖子不像人们原先以为的那么结实和笨重。此外，它们的脖子只有十二节椎骨（人类有七节椎骨），所以应该不会特别灵活。大多数迹象表明，长颈龙是一种陆生动物，其捕食方式和苍鹭类似。它们会静静地站在岸边或是海边的石头上，将长长的脖子探向水域，头部位于水面之上。当发现有鱼游过时，它们会迅速咬住猎物。可以说，捕鱼时，长颈龙的脖子相当于一根钓竿。

　　难以置信的是，第一个描述长颈龙的科学家居然以为它们是翼龙！

幻龙
NOTHOSAURUS

属名含义： 假冒的蜥蜴　**模式种：** 奇异幻龙

生活年代： 三叠纪中期到晚期，距今2.4亿年—2.1亿年

分布地区： 欧洲、北非、中国

身长：3-4米

　　三叠纪期间，大量爬行动物开始返回海洋生活。鳍龙类就是其中最重要的一批。鳍龙类是活跃在中生代的一个庞大类群，其中不仅包括繁盛的蛇颈龙类，还有一些鲜为人知的动物，比如楯齿龙（看上去像是长有兔牙的海鬣蜥）和豆齿龙（看上去像是压扁的乌龟和仙人掌的混合体）。

　　幻龙也是鳍龙类的一种，它们算是蛇颈龙类祖先的近亲。幻龙是一种形似蜥蜴的动物，身形纤细，有着桨状的脚蹼、细长的脖子和三角形的扁平头部，颌骨上长有大量锋利的牙齿。幻龙在海里觅食，由于必须时不时上岸休息，因此选择在海岸边生活。科学家推测，它们的习性和今天的海豹海狮类似。幻龙属下有十二个已命名种。

豆齿龙

噬蜥鳄
DAKOSAURUS

属名含义：噬咬蜥蜴　　**模式种：**巨噬蜥鳄
生活年代：侏罗纪晚期到白垩纪早期，距今1.57亿年—1.37亿年
分布地区：欧洲、俄罗斯、阿根廷、墨西哥

身长： 5米

　　鳄形类曾是（现在仍是）最成功、最繁盛的陆生动物群体之一。今天的鳄鱼以及它们已经绝种的近亲都属于鳄形类。现在，鳄鱼、短吻鳄、凯门鳄、长吻鳄都属于两栖动物（这意味着它们在陆地和水中都能生活），但在爬行动物时代，情况则截然不同。一部分鳄鱼算是旱鸭子，除了喝水外，几乎不会靠近任何水域——比如1.5米长的杂食动物阿拉利坡鳄。鳄形类中的一些看起来和今天的鳄鱼差不多模样，只不过体形要大得多，比如身长超过10米的大型鳄鱼恐鳄。还有一些进入大海，成为海洋生物。

　　噬蜥鳄就是这样一种"海中鳄鱼"。经过演化，它们的样子更接近沧龙类（之后会详细介绍的一种巨型海洋生物）：身体狭长，尾巴上长有尾鳍，后肢演化为鳍。它们的头部短而结实，颌骨上长满锯齿状的锋利牙齿。总的来说，相比于现在的鳄鱼，噬蜥鳄的头部更容易让人联想到霸王龙。科学家因此推测，噬蜥鳄能够捕食相对较大的猎物，比如鱼龙类和其他海洋爬行动物。依靠强有力的颌骨和锋利的牙齿，它们能够从猎物身上撕咬下大块的肉。

鱼龙类

短吻龙是一种小型的原始鱼龙，
偶尔会上岸活动。

鱼龙类，希腊文意思是"鱼蜥蜴"，是第一批完全适应水中生活的爬行动物。它们的外表很容易让人联想到海豚：身体呈纺锤形，四肢演化成为四只鳍，尾巴末端有一个新月形的巨大尾鳍。其中一些鱼龙还有背鳍。它们的脖子很短，就像海豚那样，让人难以辨认出头部和躯干的交界。它们的吻突窄长，圆锥形的牙齿尖锐而锋利，非常适合捕获鱼类和其他肢体光滑的海洋生物。鱼龙类行动迅速敏捷，是极其活跃的掠食者，显然属于温血动物。

鱼龙类的眼睛非常大，其中一些的眼睛就像两只足球一样。事实上，它们的眼睛在所有脊椎动物中应该算是最大的。当鱼龙类在夜间行动，或是潜入不见阳光的深海觅食时，敏锐的视力就派上了用场。

短尾鱼龙属于第一批真正的鱼龙。

鱼龙类虽然看起来像是鱼类，可它们没有鳃，必须依靠空气维持生命。因此，它们不得不时不时浮出水面进行呼吸。不过，它们从不需要上岸产卵，因为它们仍是胎生动物。最早的鱼龙究竟长什么模样，又是从哪种爬行动物演化而来的，这些问题的答案仍然不得而知。科学家所发现的鱼龙类化石中，年代最为久远的那些都已经适应了海洋生活。

　　鱼龙类出现在三叠纪早期，距今大约2.5亿年。它们在三叠纪时期和侏罗纪上半叶达到鼎盛。随着蛇颈龙类数量的增加，所造成的竞争也越发残酷，鱼龙类日渐式微，最终在白垩纪被完全取代。

大眼鱼龙是一种典型的鱼龙，它们有着海豚一样的身体，以及两只巨大的眼睛。

萨斯特鱼龙
SHASTASAURUS

属名含义：沙斯塔山的蜥蜴　**模式种：**太平洋萨斯特鱼龙

生活年代：三叠纪晚期，距今2.3亿年—2.1亿年　**分布地区：**北美洲

身长：9-21米

　　萨斯特鱼龙是一种颇为特别的鱼龙。不同于大多数海豚般的近亲，它们的头相对较小，颌骨上没有牙齿，身上缺少典型的背鳍。不过最重要的是，萨斯特鱼龙的体形非常庞大。以至于很多人都认为，它不仅是最大的鱼龙之一，也是最大的海洋爬行动物之一。模式种太平洋萨斯特鱼龙的身长可达9米，不过相比于西卡尼萨斯特鱼龙，也只能算小巫见大巫。西卡尼萨斯特鱼龙从鼻子到尾巴的长度整整有21米，比大多数鲸鱼还要长。在西卡尼萨斯特鱼龙的面前，包括克柔龙和沧龙在内的巨型海洋爬行动物都显得渺小起来。

　　由于萨斯特鱼龙完全没有牙齿，所以它们的捕食技巧明显不同于其他鱼龙。科学家推测，萨斯特鱼龙通过迅速张开嘴巴，向后拉拽舌头，从而产生负压力，将鱼类和软体动物统统吸入口中。

　　在讨论西卡尼萨斯特鱼龙的分类问题时，科学家们产生了争议。一些人认为，它们应该归在萨斯特鱼龙下面，还有一些人则坚持将它们命名为西卡尼秀尼鱼龙。萨斯特鱼龙和秀尼鱼龙属于亲缘物种，彼此非常相似。因此给物种的分类造成了棘手的考验。

剑鱼鱼龙
EXCALIBOSAURUS

属名含义： 王者之剑的蜥蜴　**模式种：** 寇氏剑鱼鱼龙

生活年代： 侏罗纪早期，距今1.9亿年　**分布地区：** 英国

身长： 7米

剑鱼鱼龙的鼻子有1米多长，是一种外表酷似剑鱼的鱼龙。迄今为止，科学家只发掘出两具骨骼，因此推测，这是一种相当罕见的动物。由于两块骨骼化石都是在英格兰发现的，因此它们的命名也体现了英国的特色——灵感来自于神话传说中，亚瑟王所挥舞的王者之剑。

剑鱼鱼龙身体修长，鳍短而宽，这些形体特征表明，它们是天生的游泳高手，善于急转弯和快速前进。顾名思义，剑鱼鱼龙最独特的身体结构在于它们的吻部。和剑鱼一样，它们的上颌向前延伸形成剑状，比下颌略长一些。科学家推测，在潜入鱼群时，它们会来回摆动自己的"利剑"，来不及躲闪的鱼或被刺伤，或动弹不得，于是成为它们的食物。

扁鳍鱼龙

PLATYPTERYGIUS

属名含义： 扁平的鳍翅　　**模式种：** 平趾扁鳍鱼龙　　**生活年代：** 白垩纪早期，距今1.05亿年

分布地区： 几乎遍布世界各地——

澳大利亚、俄罗斯、美国、哥伦比亚、阿根廷、西欧，可能还包括新西兰

身长： 7米

　　扁鳍鱼龙是一种大型的大眼鱼龙，由于在世界各地均发掘出化石样本，因此科学家推测，它们的足迹或许遍布了全世界。大眼鱼龙是白垩纪时期仅剩的最后一群鱼龙，它们的绝大多数近亲都在侏罗纪晚期灭绝。而其中，扁鳍鱼龙是最后消失的一批。它们于9500万年前灭绝，意味着鱼龙长达1.6亿年的漫长历史宣告结束。

　　在发掘出的雌性扁鳍鱼龙化石中，科学家可以看见母体内正在孕育的胎儿骨骼，以及刚刚诞下的扁鳍鱼龙幼崽，有一些扁鳍鱼龙甚至在分娩过程中变成化石。扁鳍鱼龙是处于食物链顶端的掠食性动物，能够捕获体形较大的猎物，包括海龟、早期的海鸟，同时也吃鱼和箭石（一种已经灭绝的软体动物）。

蛇颈龙类

浅隐龙是侏罗纪中期的一种中型蛇颈龙类。

　　蛇颈龙类或许是演化得最为成功的海洋爬行动物。它们的身体紧凑结实，尾巴短而粗，四肢变成了桨状的巨大鳍脚。蛇颈龙类的学名意思是"接近蜥蜴"，因为它们的雏形算是蜥蜴的近亲。蛇颈龙类在空气中呼吸，所以应该属于胎生的温血动物。

　　蛇颈龙类通常分为两类。拥有长脖子的一类也被简称为蛇颈龙，多年来造成了不少混淆和误解，因为大家往往不确定对方指的是长脖子的蛇颈龙还是蛇颈龙类。它们有时也被称为长颈型蛇颈龙。顾名思义，长颈型蛇颈龙的脖子长得不可思议——有些时候，它们的脖子甚至比身体其余部分还要长。长颈型蛇颈龙游得并不快，主要以鱼类和较小型的海洋动物为食。另一类称为上龙类，相比于头部小、脖子长的长颈型蛇颈龙类，上龙类的头部大而脖子短，因此也被称为短颈型蛇颈龙。它们是非常凶猛的掠食者，其中一些的身长甚至超过15米。

双臼椎龙体形较大，脖子较短，但仍属长颈型蛇颈龙。

菱龙是生活在英国的大型短颈型蛇颈龙。

在已经灭绝的动物里，蛇颈龙类是最早被科学家发现并描述的一类。早在1719年，科学家就在英格兰的林肯郡找到了蛇颈龙类的骨骼化石。起初，人们认为这些是罪人的骨骼，在大洪水中溺毙而死。直到十九世纪，科学家开始对这些生物的真实面貌有了更深入的了解。1823年，之前提到的化石采集者玛丽·安宁发现了一具蛇颈龙近乎完整的骨骼化石，这便是后来的模式种长颈蛇颈龙。

长锁龙
LEPTOCLEIDUS

属名含义： 修长的锁骨　**模式种：** 幸存长锁龙
生活年代： 白垩纪早期，距今1.3亿年—1.25亿年
分布地区： 英国、南非、澳大利亚

身长： 1.5-3米

蜿蜒流经中生代的水域里满是各种各样的鱼，吸引了意想不到的访客。除了生活在海洋里的那些，科学家在河流里同样发现了蛇颈龙类的踪迹。一些蛇颈龙类完全能够适应咸水和淡水之间的生活环境。

长锁龙就是这样一种在淡水中生活的小型蛇颈龙类。它的个头和河豚差不多大，生活方式也很相似。长锁龙生活在温暖的潟湖和河流之中，既有充足的食物，也不必和其他食鱼动物产生竞争。更重要的是，长锁龙幸运地躲开了克柔龙和它们体形庞大的近亲，避免成为它们的猎物。这显然是个成功的策略。不同种的长锁龙遍布世界各地。科学家在南非开普敦、澳大利亚西部的卡尔巴里和英国的萨塞克斯郡都发现了长锁龙的化石。

科学家推测，长锁龙捕食的对象也包括肺鱼。肺鱼是一种奇特的生物，相比于其他鱼类，它们和第一批陆生脊椎动物的亲缘关系还要更近一些。肺鱼如今仍生活在澳大利亚的某些水域，形态和1亿年前并没有太大变化。

克柔龙
KRONOSAURUS

属名含义：克洛诺斯的蜥蜴　**模式种：**昆士兰克柔龙
生活年代：白垩纪早期，距今1.25亿年—1亿年　**分布地区：**澳大利亚、哥伦比亚

身长：10米

克柔龙因为泰坦巨神克洛诺斯而得名。在古希腊神话里，克洛诺斯吃掉了自己的孩子。克柔龙的可怕程度丝毫不亚于这位泰坦巨神，对于生活在同一水域里的其他动物而言，克柔龙绝对是个庞大而恐怖的掠食者。

克柔龙是体形最大的蛇颈龙类之一。它们有着鱼类形的身体，四只有力的鳍，粗短的脖子以及长达3米、鳄鱼一样的头。像这么大的颅骨，人们只在现代鲸鱼和某些角龙类（有角的恐龙）的骨骼标本上见过。克柔龙的颌骨上长满了圆锥形的长牙，最长可达30厘米。科学家曾在长颈型蛇颈龙的骨骼上发现了克柔龙造成的齿痕，因此判断，克柔龙有时会猎捕长颈型蛇颈龙。它们的猎物也包括较大的鱼类和海龟类。

最出名的一具克柔龙骨骼标本化石陈列在哈佛自然历史博物馆里。化石的长度超过了12米。遗憾的是，科学家在还原的过程中由于热情过度，将几节椎骨拼接得过于紧凑，人为缩小了它的实际尺寸。2004年，挪威科学家在北极斯瓦尔巴特群岛上发现了克柔龙近亲的化石，由于体形更加庞大，因此被赋予了"掠食者X"这样一个让人浮想联翩的名字。科学家后来将它们正式命名为冯氏上龙，它们的身长甚至超过13米。

永生龙
UMOONASAURUS

属名含义：乌姆纳的蜥蜴　**模式种：**海怪永生龙

生活年代：白垩纪早期，距今1.2亿年　**分布地区：**澳大利亚

身长： 2.5米

白垩纪时期，澳大利亚的大部分地区都被称为伊罗曼加海的浅海所覆盖。当时，澳洲大陆比现在更靠近南极，在漫长的冬季里可能会变得极其寒冷。该地区岩石上的划痕表明，伊罗曼加海就像今天的波罗的海一样，在冬季里可能会结冰，甚至部分封冻。

这片寒冷却营养充沛的水域里生活着大量奇特的动物——其中就包括体形硕大的澳洲菊石，它们的直径甚至会超过1米。海豹般大小的永生龙也生活在这里。它们和长锁龙都属于长锁龙类。长锁龙类的动物以庞大的头部和粗短的脖子而著称。不同于其他近亲，永生龙的脖子相当长，头部相当小。永生龙的另一个特征是头部三顶棱脊状的冠饰，一顶沿鼻子纵向突起，另两顶分别横在眼睛上方。这种冠饰在恐龙和翼龙中很常见，在海洋爬行动物中却相当罕见。

很少有蛇颈龙类能够适应极圈附近的生活，永生龙却能在寒冷的水域繁衍生息。科学家推测，这种小型的蛇颈龙类应该像现代哺乳动物一样，属于温血动物，能够调节自身体温。

薄板龙
ELASMOSAURUS

属名含义： 有轻薄片板的蜥蜴　**模式种：** 扁尾薄板龙
生活年代： 白垩纪晚期，距今8000万年　**分布地区：** 北美洲

　　薄板龙是体形最大也是最后消失的蛇颈龙类之一。如我
们所知，蛇颈龙类的典型特征之一是长长的脖子，不过薄板龙
在其中仍属于佼佼者。它们的脖子由70多节颈椎骨组成，约6
米长，占身体总长的一半以上。它们的头部小而扁平，颌骨上
长有长而锋利的牙齿，用来钳住挣扎的鱼。在以前的书里，薄
板龙最常出现的形象是：高高探出水面的一根蛇形的脖子（并

且总在和其他怪模怪样的海怪搏斗）。新的考古成果表明，薄板龙的脖子其实很僵硬，并不灵活，它们只能上下或左右进行移动。脖子本身也很重，根本无法露出水面。科学家推测，薄板龙应该由下至上慢慢潜入鱼群，然后迅速支起头部，捕获猎物。

薄板龙的骨骼化石被发现时，其长长的脖子引起了诸多争议。古生物学家爱德华·德林克·柯普于1868年首次对该物种进行了描述，在重建模型时，由于颠倒了颈椎和尾椎的位置，因此展示出了一只长尾巴短脖子的薄板龙。

身长：11米

沧龙类

白垩纪后期，海豚一样的鱼龙类和体形庞大的蛇颈龙类都消失了，于是沧龙类接替了海洋统治者的角色。沧龙无疑是由蜥蜴演化出最可怕的类群。它们拥有流线型的狭长身体，四肢变成了宽大的鳍脚，长长的尾巴末端是一条鲨鱼一样的尾鳍。

沧龙类有着窄长的头部，颌骨上长满了锋利的牙齿，上颌内部甚至还多出一圈牙齿，从而能够更牢固地捕捉猎物。一些沧龙的身长接近16米。面对这样的掠食者，很少有海洋生物能够安然逃脱。要说哪个动物类群有资格被称为海怪，那么一定非沧龙类莫属。

哥隆约龙是一种类似鳄鱼的沧龙，偶尔在河流湖泊中狩猎。

霍夫曼沧龙是最为庞大和强壮的沧龙之一。

沧龙类是蜥形类的一种，和现在的很多动物都属于近亲（其中甚至还包括蛇类，不过这种亲缘关系还有待进一步确认）。它们和蛇类的共同点在于，头部都很灵活，上下颌在铰合关节的作用下可以实现最大程度的扩张，吞咽较大的猎物。

它们也有分叉的舌头，因此能够准确判断气味的来源。不同于蜥蜴的是，沧龙类不会产卵，而属于胎生动物。科学家推测，它们能够适当调节身体的温度，所以不像其他爬行动物那样冷血。

海王龙
TYLOSAURUS

属名含义：有瘤的蜥蜴　**模式种：**船首海王龙

生活年代：白垩纪晚期，距今8500万年　**分布地区：**北美洲、欧洲

身长： 15米

即使作为沧龙类来看，海王龙也是不折不扣的怪物，同时它们也是有史以来体形最为庞大的海洋爬行动物之一。在白垩纪覆盖北美洲和北欧的浅海中，海王龙是处于食物链顶端的掠食者。科学家在瑞典斯科讷省发现了属于海王龙的牙齿和部分骨骼，因此推测，这种海怪曾在今天的瑞典一带出没。

海王龙对食物从不挑剔，可谓是来者不拒的态度，它们猎捕的对象包括鱼类、鲨类、蛇颈龙类、黄昏鸟之类的海鸟，还有一些小型沧龙。科学家在其他恐龙骨骼化石中发现了海王龙啃咬的齿痕，不过看样子，这些化石应该是从海里被冲上岸的。科学家有理由相信，海王龙不太会在岸边捕猎陆生动物。

一般来说，我们很难知道已经灭绝的动物是什么颜色——人们只能凭借猜测重建模型。不过，瑞典隆德大学的科学家在2014年证实，海王龙是反荫蔽的生物。也就是说，它们和今天的很多海洋生物一样，腹部的肤色较浅，而背部的肤色较深——虎鲸和鲨鱼就是典型的例子。反荫蔽是一种巧妙的伪装术。由上往下看时，它们深色的背部和黑暗的海底融为一体，而由下往上看时，它们浅色的腹部又和明亮的海面融为一体。当阳光照下来时，反射出的光影落在它们浅色的腹部，模糊了它们身体两侧的轮廓。

圆齿龙
GLOBIDENS

属名含义： 球状牙齿　**模式种：** 阿拉巴马圆齿龙

生活年代： 白垩纪晚期，距今7000万年　**分布地区：** 北美洲、非洲、印度尼西亚

身长： 6米

乍一看，圆齿龙和大多数沧龙类长得差不多：修长的流线型身体，大大的脑袋，扁平的尾巴，末端还有鲨鱼状的尾鳍。直到张开嘴巴，圆齿龙才会显露出自己的特征。

大多数沧龙类的颌骨上长满了尖锐锋利的牙齿，而圆齿龙的牙齿硕大滚圆，看上去就像一颗颗鹅卵石。它们显然不是捕鱼的利器，却是碾压的工具。球状牙齿和发达的下颌肌肉相结合，使得圆齿龙的嘴巴变成了一个巨大的胡桃夹子——就算对付中生代海洋里最坚厚的贝壳，都显得游刃有余。圆齿龙所演化出的颌骨构造，可以帮助它们捕食生活在浅海底部的大型贻贝。很少有海洋动物能够撬开这些软体动物的外壳，这些外壳的直径有时甚至达到2米。其中包括巨型的菊石，偶尔还有一两只海龟。

浮龙
PLOTOSAURUS

属名含义：游泳的蜥蜴　**模式种：**本尼森浮龙

生活年代：白垩纪晚期，距今6800万年　**分布地区：**美国

身长：10米

　　浮龙是最后灭绝的沧龙类之一，也是演化得最为先进的一种。顾名思义，它们是天生的游泳高手，在水中前进的速度比其他沧龙类近亲要快得多。浮龙有着流线型的身体、宽大的尾鳍和狭长的头部，很容易让人联想到鱼龙类。鱼龙类在白垩纪中期灭绝后，浮龙似乎通过演化，弥补了这一角色的空缺。亲缘关系较远的两种生物，由于栖居在同一类型的环境中，从而演化成具有相似形态特征或身体结构的现象，在生物学上称为趋同演化。趋同演化在动物世界中相当常见，在海洋生物中尤其明显：随着时间的推移，几乎所有善于游泳的动物都会演化出鱼雷形状的身体，因为在水中活动时，这种形态结构是最有效的。其中比较典型的例子包括海豚、鱼龙、鲨鱼以及这里的浮龙。

　　科学家已经找到皮肤化石，证明浮龙全身被相互交叠的细小方形鳞片所覆盖。鳞片的顶部长有脊棱，在划水时能起到更好的效果。现在许多的软骨鱼（比如鲨鱼和鳐鱼）身上都有类似的鳞片。

　　在终结恐龙历史的大灭绝中，沧龙类和最后的海洋爬行动物也消失了。它们在海洋中的地位被海豹和鲸鱼所取代。今天的蓝鲸以其30米的身长和超过180吨的体重，毫无争议地成为地球历史上体形最庞大的动物。

著作权合同登记号　图字 01-2023-1614

Flygödlor och havsmonster
Text and illustrations © Johan Egerkrans
First published by B. Wahlströms Bokförlag, Sweden, in 2017.
Published by agreement with Rabén & Sjögren Agency.

图书在版编目（CIP）数据

从统治天空的翼龙到称霸海洋的巨怪 ／（瑞典）约翰·
伊格克朗茨绘著 ；王梦达译．-- 北京 ：人民文学出版
社 ，2023
　ISBN 978-7-02-018036-3

　Ⅰ．①从… Ⅱ．①约… ②王… Ⅲ．①恐龙—儿童读
物 Ⅳ．① Q915.864-49

中国国家版本馆 CIP 数据核字（2023）第 104005 号

责任编辑　李　娜　王雪纯
装帧设计　钱　珺

出版发行　人民文学出版社
社　　址　北京市朝内大街166号
邮政编码　100705

印　　刷　凸版艺彩（东莞）印刷有限公司
经　　销　全国新华书店等

字　　数　30千字
开　　本　889毫米×1194毫米 1/16
印　　张　4.5
版　　次　2023年5月北京第1版
印　　次　2023年5月第1次印刷

书　　号　978-7-02-018036-3
定　　价　79.00元

如有印装质量问题，请与本社图书销售中心调换。电话：010-65233595